BEI GRIN MACHT SICH IHR WISSEN BEZAHLT

- Wir veröffentlichen Ihre Hausarbeit, Bachelor- und Masterarbeit

- Ihr eigenes eBook und Buch - weltweit in allen wichtigen Shops

- Verdienen Sie an jedem Verkauf

Jetzt bei www.GRIN.com hochladen und kostenlos publizieren

Bibliografische Information der Deutschen Nationalbibliothek:

Die Deutsche Bibliothek verzeichnet diese Publikation in der Deutschen Nationalbibliografie; detaillierte bibliografische Daten sind im Internet über http://dnb.d-nb.de/ abrufbar.

Dieses Werk sowie alle darin enthaltenen einzelnen Beiträge und Abbildungen sind urheberrechtlich geschützt. Jede Verwertung, die nicht ausdrücklich vom Urheberrechtsschutz zugelassen ist, bedarf der vorherigen Zustimmung des Verlages. Das gilt insbesondere für Vervielfältigungen, Bearbeitungen, Übersetzungen, Mikroverfilmungen, Auswertungen durch Datenbanken und für die Einspeicherung und Verarbeitung in elektronische Systeme. Alle Rechte, auch die des auszugsweisen Nachdrucks, der fotomechanischen Wiedergabe (einschließlich Mikrokopie) sowie der Auswertung durch Datenbanken oder ähnliche Einrichtungen, vorbehalten.

Impressum:

Copyright © 2012 GRIN Verlag, Open Publishing GmbH
Druck und Bindung: Books on Demand GmbH, Norderstedt Germany
ISBN: 9783668373167

Dieses Buch bei GRIN:

http://www.grin.com/de/e-book/350687/arbeiten-mit-dienes-material-buendelungsprinzip-und-erweiterung-der-stellenwertsystems

Anna Rezmer

Arbeiten mit Dienes Material. Bündelungsprinzip und Erweiterung der Stellenwertsystems zur Hunderterstelle (Mathematik, 3. Klasse)

GRIN Verlag

GRIN - Your knowledge has value

Der GRIN Verlag publiziert seit 1998 wissenschaftliche Arbeiten von Studenten, Hochschullehrern und anderen Akademikern als eBook und gedrucktes Buch. Die Verlagswebsite www.grin.com ist die ideale Plattform zur Veröffentlichung von Hausarbeiten, Abschlussarbeiten, wissenschaftlichen Aufsätzen, Dissertationen und Fachbüchern.

Besuchen Sie uns im Internet:

http://www.grin.com/

http://www.facebook.com/grincom

http://www.twitter.com/grin_com

Unterrichtsentwurf

anlässlich eines Unterrichtsbesuches am 05.10.12 im Fach Mathe

Fach: Mathe
Klasse: 3a
Schüler(Mä/Ju): 18 (6/12)
Zeit: 8:20 – 09:05 Uhr

Fachlehrkraft: Y
Klassenlehrkraft: X

Thema der Unterrichtseinheit: Die Zahlen bis 1000
Thema der Unterrichtsstunde: Arbeiten mit Dienes Material - Bündelungsprinzip und Erweiterung der Stellenwertsystems zur Hunderterstelle

Inhaltsverzeichnis

Kompetenzen gemäß Kerncurriculum 2

Stellung der Stunde im Rahmen der Unterrichtseinheit 2

Verlaufsplan 3

Didaktische Begründung 4

Methodische Begründung 5

Reflexion der Unterrichtsstunde 8

Literaturverzeichnis 12

Kompetenzen gemäß Kerncurriculum

- *Prozessbezogene Kompetenzbereiche:*
  - „Argumentieren/Kommunizieren"
    → „beschreiben mathematische Sachverhalte mit eigenen Worten"[1]
    → „beschreiben eigene Lösungswege/Vorgehensweisen"[2]
  - „Darstellen/Didaktisches Material verwenden"
    → „wählen und nutzen geeignete Veranschauungsmittel (z.B. Dienes Blöcke)"[3]
- *Inhaltsbezogene Kompetenzbereiche:*
  - „Zahlen und Operationen"
    → „Zahldarstellungen, Zahlbeziehungen, Zahlvorstellungen"
    - „fassen Zahlen unter den verschiedenen Zahlaspekten auf und stellen sie dar(handelnd, bildlich, symbolisch, sprachlich)"[4]
    - „orientieren sich im erweitertem Zahlenraum"[5]
    - „wenden das Prinzip der Bündelung und der Stellenwertschreibweise verständnisvoll an"[6]

Stellung der Stunde im Rahmen der Unterrichtseinheit

1. Einführung in das Thema: Menge an Steckwürfel schätzen (Gruppenarbeit)
2. Menge an Steckwürfel geschickt abzählen
3. Erarbeitung: **Prinzip der Bündelung**
4. **Erarbeitung des Stellenwertsystems durch Einführung der Hunderterplatten**
5. Übung und Sicherung des Inhalts: Arbeitsblatt zum Thema Stellenwertsysteme

Stundenziel: Das Bündelungsprinzip soll von jedem Schüler eigenständig bearbeitet und die Stellenwerttafel bis zu der Hunderterstelle anhand der Einführung von Hunderterplatten erlernt werden.

---

[1] Vgl. Niedersächsisches Kultusministerium (Hrsg.): Kerncurriculum für die Grundschule. Schuljahrgänge 1-4. Mathe, Hannover 2006, S.15.
[2] Vgl. ebenda, S. 15.
[3] Vgl. ebenda, S.16.
[4] Vgl. ebenda, S. 19.
[5] Vgl. ebenda, S. 19.
[6] Vgl. ebenda, S. 19.

Verlaufsplan

Phase/Zeit	Unterrichtsschritte	did.- method. Kommentar	Methode/Sozialform	Medien/Material
Begrüßung 08:20 – 08:21	- Lehrerin begrüßt S. - Lehrerin stellt Unterrichtsziel vor	-Vorstellung des Unterrichtsziels führt zu Vorbereitung auf die Stunde - Impuls wird durch 6 Würfelkasten gesetzt→ S. werden aktiv und möchten Unterricht beginnen	Frontal (Lehrervortrag)	
Erarbeitungs-/Bearbeitungsphase 08:21- 08:41	- Aufteilung der Klasse in 3er Gruppen und Vorbereitung auf die Arbeit mit Dienes Blöcken - S. erhalten Arbeitsauftrag, die Steckwürfel im Kasten zu schätzen - S. notieren sich die geschätzten Werte - Lehrerin erteilt den Arbeitsauftrag die Würfel möglichst praktisch und zeitsparend zu zählen →präsentieren der Strategien	-das Thema „Schätzen" soll das Vorstellungsvermögen der S. anregen und einen interessanten Einstieg ermöglichen -die S. erhalten eine Karte auf der eine Rechenaufgabe steht und sollen sich in Gruppen zu ihrer Zahl, welches als Rechenergebnis zählt, zusammenfinden - In Gruppenarbeit sollen sie sich zusammen überlegen, wie sie die Steckwürfel am günstigsten zusammenlegen würden, damit sie auf den ersten Blick ihre Zahl erfassen können→Prinzip der Bündelung erfasst	Gruppenarbeit	Karten mit Rechenaufgaben zur Gruppeneinteilung, Würfelkasten mit Steckwürfeln, Zettel mit Arbeitsauftrag
Hinführung zum Stellenwertsystem 08:41 – 08:55	- S. sitzen im Halbkreis - Vorstellung der Dienes Blöcke -Zahl wird an die Tafel geschrieben -Hundertertafel, Zehnerstäbe und Einerwürfel werden an die Tafel gehängt um die Zahl zu visualisieren -Stellenwerttafel wird eingeführt und durch Hunderterplatte erweitert → S. sollen selbst legen und übertragen es auf die Stellenwerttafel	- durch den Halbkreis sitzen die S. nicht zu weit weg vom Unterrichtsgeschehen und bekommen den Inhalt direkt mit -S. erfahren neben den Einerwürfeln und Zehnerstäben, die Hundertertafel als neue Bündelungsmethode zur Visualisierung →sollen Erfahrungen aus der zweiten Klasse mit einbringen(Zehner, Einer) →die Stellenwerttafel und der Zahlenraum werden erweitert	Frontal (Unterrichtsgespräch)	Tafel, Zehnerstäbe, Hundertertafel, Einerwürfel,
Übung/Sicherung 08:55 – 09:03	-S. erhalten einen Aufgabenzettel (S. sollen es in Stillarbeit eigenständig bearbeiten)	- S. haben die Möglichkeit das frisch Gelernte selbstständig anzuwenden →Sicherung des Ergebnisses	Stillarbeit	Aufgabenblatt
Schluss 09:03	-Ausblick auf die nächste Stunde -Verabschiedung	→S. erhalten durch den Ausblick den thematischen Rahmen und Zusammenhang	Frontal (Lehrervortrag)	

Didaktische Begründung

Kompetenzbereich	Didaktische Begründung
„Argumentieren/ Kommunizieren"	Das „Beschreiben mathematische Sachverhalte mit eigenen Worten"[7] und das „Beschreiben eigene Lösungswege und Vorgehensweisen"[8] ist notwendig um den Sachinhalt zu reflektieren. So kann jedes Kind selbst über seine Strategie des Abzählens nachdenken, korrigieren und verändern. Sie werden mündlich aktiv und müssen versuchen Anderen mathematisch ihre Strategien zu erläutern.
„Darstellen/Didaktisches Material verwenden"	Sie „wählen und nutzen geeignete Veranschauungsmittel (Dienes Material)"[9], um auf einer visuellen Ebene das Bündelungsprinzip selbst zu erkennen und sichtbar zu machen.
„Zahldarstellungen, Zahlbeziehungen, Zahlvorstellungen"	Die Schüler „wenden das Prinzip der Bündelung und der Stellenwertschreibweise verständnisvoll an"[10], sodass sie im weiteren Verlauf der Stunde, die Übung ohne Schwierigkeiten bearbeiten können. Es ist wichtig, dass sie durch das eigenständige Erarbeiten an den Würfeln, die Bündelungsmethode verständlich am Stellenwertsystem anwenden können.

Im Folgenden werden die Kernbereiche der didaktischen Begründung ausgeführt. Die *Exemplarität* wird an einem exemplarischen Vorgehen erkannt. Zunächst werden Steckwürfel als Einerwürfel gewählt und danach das Dienes Material, welches bis zu den Hunderterplatten ausgeführt wird. Diese zwei Materialien sind exemplarisch die Grundbausteine des Erlernens des Bündelungsprinzips und sollen einen langsamen Aufbau des Wissens erreichen. Der Zahlenbereich von 1-100 wird bearbeitet und die Tausenderblöcke zunächst ausgelassen. Die Materialien als Anschauungsmaterial sind in der Grundschulzeit häufig in Benutzung und die Kinder sollen das Wissen erlangen, dass die Bündelung beim Rechengebrauch vereinfacht und unterstützt. Der *Lebensweltbezug und Gegenwartsbezug* kann daran erkannt werden, dass auch im Leben weltweit oft viele Bündelungen als Einheit gesehen werden können. Zum Beispiel findet man im Lebensmittelmarkt Obst welches in einem Netz zusammengebündelt wurde (10 Zitronen in einem Netz). Außerdem erkennt man Ähnlichkeiten bei Hundertertafel in Stapelungen in einem Baumarkt wieder, wenn z.B. ein Gabelstapler Ziegelsteine zu einer Einheit bündelnd wegschafft. Auch hier ist es wichtig, dass sofort die Menge auf einem Blick ohne einzelnes Abzählen gesehen werden kann. Durch das Prinzip der Bündelung wird den Schülern die visuelle Wahrnehmungsfähigkeit geschult. Sie sind sofort in der Lage, ohne die Einer

---

[7] Vgl. Niedersächsisches Kultusministerium (Hrsg.): Kerncurriculum für die Grundschule. Schuljahrgänge 1-4. Mathe, Hannover 2006, S.15.
[8] Vgl. ebenda, S. 15.
[9] Vgl. ebenda, S.16.
[10] Vgl. ebenda, S. 19.

mühselig einzeln auszuzählen, die Zehner und Hunderter zu erkennen und sie praktisch anzuwenden. Ebenso können sie diese auch zu weiterführenden Aufgaben schnell anwenden und ihr Vorstellungsvermögen erweitern. Die Schüler können Bündelungen besser abschätzen oder Dinge besser miteinander kombinieren. Außerdem dient es der Entwicklung der Größenvorstellung der Zahlen und kann Grundlage für das handelnde Rechnen sein. Die *Zukunftsbedeutung* wird daran klar, dass die Kinder durch das Erlernen des Bündelungsprinzips auch in Zukunft Gegenstände einfacher visuell wahrnehmen können. Sie können große Mengen zu Bündel zusammenfassen und als Zahl ergänzen. Bei Sammlungen von Gegenständen können sie die Zahl schon vor Augen sehen ohne es ausgezählt zu haben. Das ist prägnant damit auch in kürzester Zeit die visuelle Wahrnehmung von kleinen Elementen als Zahl gesehen werden kann. Besonders im Arbeitsmarkt ist die Kenntnis notwendig, wie z.B. im Baumarkt, in dem viele Gegenstände zusammengebündelt sind und schnell verarbeitet werden müssen. Die Schüler erhalten zu diesem Thema dadurch *Zugang*, dass sie schon in der 2. Klasse das Thema Stellenwerte mit Einer und Zehner erarbeitet hatten. Darauffolgend können sie die Stellenwertetabelle ohne große Schwierigkeiten erweitern und in der Übung umsetzen. Das Bündelungsprinzip kann ebenso gut übertragen werden. Eine didaktische Reduktion ist im Unterrichtsverlauf ebenso zu entdecken. Es wird nur bis zum Thema „Hunderter" gegangen und die „Tausender" ausgelassen, damit die Schüler durch eine zusätzliche Erweiterung in die Tausender nicht überfordert werden.

Methodische Begründung

Der vorbereitete Mathematikunterricht beginnt damit, dass die Schüler und Schülerinnen von der Lehrerin begrüßt werden und sich auf diese Weise einstellen können, von welcher Lehrkraft sie unterrichtet werden. Eine Begrüßung soll auch der Weckruf sein, dass der Unterricht beginnt und die Schüler aufmerksam mitmachen. Nach der Begrüßung stellt die Lehrkraft das Unterrichtsziel vor, welches dazu führt, dass die Schüler eine Einleitung in das neue Themenkapitel erhalten und sich darauf innerlich einstellen können.

Am Unterrichtsanfang wird ein Impuls gesetzt, indem in der Mitte des Klassenraums sechs Würfelkästen mit vielen Steckwürfeln hingestellt werden. Dadurch werden die Schüler sehr neugierig und möchten von der Lehrkraft so schnell wie möglich den Arbeitsauftrag erhalten, um mit den Würfeln zu arbeiten. Besonders für die erste Stunde ist es wichtig, dass die

Schüler die Lust am Lernen durch einen guten erregenden Impuls erhalten damit sie aktiv und erfolgreich mitarbeiten können. Bevor sich die Schüler jedoch auf die Würfel stürzen können, werden sie in Gruppen aufgeteilt, damit sie bei der Bearbeitung der schriftlichen Arbeitsaufträge gemeinsam diskutieren können und verschiedene Lösungen finden. Ein Einzelunterricht könnte bei der Aufgabenlösung schwächere Schüler überfordern. Dabei wird eine mathematische Methode der Aufteilung ausgewählt. Eine Gruppenzusammenstellung, welche darauf abzielt, dass die Schüler sich eigenständig zu Gruppen zusammenfügen, soll vermieden werden. Die Gründe dafür sind, dass es erstens sehr zeitintensiv ist und zweitens auch zu Problemen zwischen den Schülern kommen kann (z.B. durch Ausgrenzung eines Mitschülers). Deshalb ist die folgende Methode günstiger. Alle Schüler erhalten eine Karte mit unterschiedlichen Matheaufgaben. Diese Matheaufgaben dienen einer guten Aufwärmung zum Kopfrechnen und Aktivieren das mathematische Denken. Jeweils drei Kinder haben immer dasselbe Ergebnis, sodass sie sich zu einer Gruppe zusammenfinden können. Auf den Würfelkästen hängen ebenso Zahlen, damit jeder Gruppe ein Würfelkasten mit der dazugehörigen Zahl zugeordnet wird. Diese Methodik soll verhindern, dass das Durcheinander zu Rangeleien um einen Würfelkasten führt. Nun erhält jede Gruppe die Aufgabe die Zahl der Würfel in den Kästen zu schätzen. In jedem Kasten ist immer eine andere Anzahl an Würfeln zu finden, sodass jede Gruppe die Möglichkeit zum Überlegen erhält. Das Vorstellungsvermögen der neugierigen Schüler wird angeregt. Danach erhalten die Schüler den nächsten Arbeitsauftrag die Würfel möglichst geschickt und zeitsparend abzuzählen. Dabei müssen sie zusammen in der Gruppe überlegen, wie sie diesen Arbeitsauftrag ausführen können, ohne, dass jemand allein an so einer schwierigen Aufgabe sitzen muss. Diese Aufgabenstellung befindet sich auch auf einem Arbeitszettel in jeder Gruppe, sodass jeder die Aufgabe nochmals schriftlich vorliegen hat und diese nicht vergisst. Auf diese Weise werden ständige Nachfragen nach der Aufgabenstellung vermieden und jede Gruppe hat alle Zahlergebnisse schriftlich vorliegen (geschätzte Zahl + gezählte Zahl). Die geschätzten und gezählten Zahlen werden mündlich im Unterrichtsgespräch besprochen, damit jeder neugierige Schüler die Differenz zwischen diesen Zahlen erfährt. Außerdem wird jede Gruppe nacheinander abgefragt, durch welche Methode sie die Zahlen abgezählt haben. Hier soll jeder Schüler selbst auf das Bündelungsprinzip kommen, ohne, dass die Lehrkraft das Wissen vorwegnimmt. Die Schüler erarbeiten sich so das Wissen selbst und die Lehrkraft steht im Hintergrund.

Der zweite Abschnitt der Unterrichtsstunde beginnt mit einer Tafelarbeit im Halbkreis. Die Methode den Halbkreis einzusetzen ist deshalb gewählt worden, damit jeder den Unterrichtsinhalt an der Tafel vor Augen hat und das Wissen visuell gesichert werden kann. Die Lehrerin stellt ein neues Material vor, das Dienes Material, welches einigen Schülern bereits bekannt ist. Es wird den Schülern zunächst nur die Zehnerstangen und Einerwürfel gezeigt, da die Erweiterung zum Hunderterbereich noch ein zu großer Schritt wäre. Die Lehrerin schreibt eine Zahl unter dem Hunderterbereich an die Tafel und hängt Zehnerstangen und Einerwürfel zur Visualisierung daneben auf. Danach wird das Stellenwertsystem an die Tafel gezeichnet, während die Schüler die Abkürzungen E=Einer und Z=Zehner erklären. Dieses Wissen haben sie sich bereits in der zweiten Klasse erarbeitet. Es soll als Wiederholung wieder aufgenommen und darauffolgend durch die Hunderterstelle erweitert werden. Nachdem die Schüler alles richtig erkannt haben, wird eine Zahl über Hundert an die Tafel geschrieben und Hundertertafeln angehängt. Nun müssen die Schüler weiter denken und ihr bereits erworbenes Wissen auf eine neue unbekannte Situation anwenden. Danach wird die Stellenwerttafel um ein Hunderter (H) erweitert und die gewählte Zahl in das System durch die Schüler übertragen. Es ist zu erkennen, dass eine Methode gewählt wurde, indem die Schüler ihr Wissen nacheinander aufbauen. Ihr bereits erworbenes Wissen wird wiederholt und Schritt für Schritt langsam erweitert, damit auch jeder Schüler den Unterrichtsinhalt gut aufnehmen kann.

Nachdem die Schüler Hunderterplatten kennenlernen durften und das Stellenwertsystem erweitert haben werden zusätzliche Übungen, indem die Schüler das Material selbst legen müssen, zur Wissenssicherung erstellt. Dabei sollen die Schüler die Zahlen nicht nur im Stellenwertsystem eintragen, sondern auch selbst durch Zehnerstangen, Einerwürfel und Hunderterplatten visuell sichtbar machen. Auf diese Weise kann das neue Wissen geübt und auf mathematisch handelnder Ebene sichtbar gemacht werden. Die Schüler die noch unsicher sind, können durch leistungsstärkere Schüler Unterstützung erhalten. Durch den Halbkreis kann jeder Schüler erkennen, wie die Dienes Blöcke gelegt werden müssen und der Lerninhalt wird in Zusammenarbeit aufgenommen. So haben die Lehrkraft und die Schüler die Chance zu reflektieren und zu korrigieren, anstatt dass jeder für sich in Einzelarbeit das Material missverständlich legt.

Wenn noch genügend Unterrichtszeit übrig bleibt und die Schüler gut mitgearbeitet haben, soll jeder Schüler an einem Arbeitsblatt gearbeitet werden. Die Gruppenarbeit wird aufgelöst und jeder Schüler arbeitet individuell an seinem Arbeitszettel. Diese Methodik dient der individuellen Sicherung des Unterrichtsinhaltes. Der Lehrer kann während des Unterrichts durch den Klassenraum gehen und schauen, inwieweit jeder Schüler das Wissen aufgenommen hat, ohne dieses Mal mit anderen Schülern arbeiten zu können.

Am Ende der Mathematikstunde erhalten die Schüler einen Ausblick zur nächsten Unterrichtsstunde, damit sie eine Transparenz des Themenkapitels erhalten und sich geistig darauf vorbereiten können. Die Schüler die an dem Arbeitsblatt noch weiterarbeiten möchten, erhalten die Möglichkeit diesen bei sich zu Hause zu vervollständigen. Zum Abschluss werden die Schüler verabschiedet und erhalten die Erlaubnis in die Pause zu gehen.

Reflexion der Unterrichtsstunde

Reflexion des Unterrichtziels

Das Stundenziel, welches lautete: Das Bündelungsprinzip soll von jedem Schüler eigenständig bearbeitet und die Stellenwerttafel bis zu der Hunderterstelle anhand der Einführung von Hunderterplatten erlernt werden, wurde erreicht. Das Prinzip des Bündelns wurde bereits bei der Gruppenarbeit erreicht, als die Schüler die Steckwürfel möglichst geschickt und zeitsparend abzählen sollten. Zunächst waren nur zwei Gruppen das Bündelungsprinzip klar, indem sie Zehnerstangen zusammensetzen, während andere diese erst einmal einzelnd abzählten. Das kann daran liegen, dass entweder die Schüler die Aufgabe nicht verstanden haben oder sich nur auf das Abzählen fokussiert haben. Durch einen zusätzlichen persönlichen Lehrereinwand, die Aufgabenstellung auf dem Arbeitsblatt zu beachten, haben dennoch alle Schüler die Steckwürfel zusammensetzen können. Die zusätzliche mündliche Reflexion der Schüler, den Grund zu nennen, weshalb sie diese Steckwürfel auf diese Weise angeordnet haben, erfasste das Prinzip des Bündelns. Somit war in dieser Unterrichtseinheit das Bündelungsprinzip erkannt, verstanden und mithilfe der Steckwürfel gelegt worden. In einer weiteren Unterrichtseinheit, in der die Einführung des Dienes Materials stattfand, wurde auch die Stellenwerttafel durch die Hunderterstelle erweitert. Eine langsame Einführung, erst durch Einerwürfel und dann Zehnerstangen, führte dazu, dass die Schüler mit jedem Schritt die Stellenwerttafel vervollständigen konnten. Die Hunderterplatten wurden im Halbkreis sofort erkannt und die vorliegenden Zahlen in das

Stellenwertsystem mit der Hunderterstelle eingetragen. Jeder Schüler konnte das erworbene Wissen nun mühelos anwenden und sichern, was daran zu erkennen war, dass sie das Arbeitsblatt innerhalb von vier Minuten gelöst hatten. Demnach wurde das Unterrichtsziel erfolgreich erreicht.

Reflexion der methodischen Begründung

Der Unterricht wurde mit einem guten Impuls begonnen. Die Schüler waren sehr neugierig und motiviert den Unterricht zu beginnen und saßen ganz still auf ihren Plätzen. Ebenso ist mir die Gruppenaufteilungsmethode gut gelungen. Die Rechenaufgabe auf den Karten diente der Aktivierung des Gehirns und die Schüler stellen sich automatisch auf den Matheunterricht ein. Die Gruppenfindung ging sehr schnell und innerhalb von zwei Minuten saßen alle auf ihren Plätzen. Dennoch war es etwas unruhig, was daran lag, dass die Schüler die fertig waren miteinander lautstark kommuniziert haben. Die Lehrkraft konnte aber durch das Klatschritual die Aufmerksamkeit der Schüler für sich gewinnen, sodass der Unterricht weiter gehen konnte. Danach sollte die erste Aufgabe auf dem Aufgabenblatt bearbeitet werden. Die Methode, den Arbeitsauftrag noch schriftlich auszuhändigen, war sehr gut, da die Schüler so nochmals die Aufgabenstellungen durchgehen konnten, ohne, dass die Lehrkraft die Aufgabe dauernd wiederholen muss. Die Gruppenaufgabe die Steckwürfel gemeinsam zu schätzen erwies sich als tolle Gruppenmethode. Die Schüler waren sehr interessiert und diskutierten wild und neugierig miteinander. Das Sozialverhalten untereinander konnte auch auf diese Weise sehr gut gestärkt werden, besonders weil auch Schüler miteinander arbeiten mussten, welche selten zusammen Aufgaben lösen und sonst keine Interaktion zwischen einander besteht. Ebenso war das Abzählen der Würfel eine tolle Gruppenarbeit. Die Schüler überlegten sich untereinander, welche Methoden des Zusammenzählens am geeignetsten wären. Sie waren so in der Aufgabe vertieft und diskutierten so aufgeregt, dass auch keine Streitereien untereinander stattfanden und niemand ausgegrenzt wurde. Ebenso haben sie eine Arbeitsteilung untereinander unternommen. Jeder hat seinen Teil der Würfel gelegt und erarbeitet. Danach wurden die Ergebnisse vorgestellt. Durch die Gruppenaufteilung haben sich eine Menge Methoden der Aufzählung ergeben, in der jede Gruppe seiner Kreativität freien Lauf geben konnte. Die Schüler waren sehr überrascht über die Ergebnisse und staunten, dass sie weniger geschätzt, als abgezählt haben. Man hat in den Gesichtern der Kinder gesehen, dass ihnen die Gruppenarbeitsmethode viel Spaß bereitet hat, auch wenn das doch Zusammenstecken der

Würfel manchmal mühselig erschien. Das Ergebnis hatte sie auf diese Weise umso mehr erstaunt. Die zweite Unterrichtsphase begann mit einem Halbkreis, indem sich die Kinder auf dem Boden gesetzt haben. Die Methode fand ich sehr gut aufgrund der Tatsache, dass die Kinder die Tafelarbeit besser bestaunen konnten und ein Gemeinschaftsgefühl erhalten haben. Mir ist auch aufgefallen, dass die Aktivität im Halbkreis viel größer ist, als im Frontalunterricht, da es da eine gewisse Distanz zwischen den Kindern und der Lehrkraft gibt. Auf diese Weise konnte sie aber auch leicht das Dienes Material anschauen, welches nicht sehr groß und von weitem nicht sichtbar ist. Durch den Halbkreis konnte den Kindern ebenso das Legen der Einerwürfel, Zehnerstangen und Hunderterplatten leicht ermöglicht werden. Das spart besonders auch Zeit, da die Kinder direkt vor dem Material sitzen. Besonders nützlich ist die Halbkreismethode auch, dadurch, dass die Kinder sehr konzentriert mitarbeiten, da sie keine Gegenstände ablenken (z.B. Sachen in der Federmappe). Der langsame Aufbau, zunächst eine Zahl unter Hundert, danach über Hundert zu wählen, war sinnvoll. Die Kinder konnten auf diese Art und Weise ihr Wissen, welches sie sich im letzten Schuljahr erarbeitet haben, auffrischen und darauffolgend durch die Hunderterplatten erweitern. Diese Methode führte dazu, dass alle Schüler mitarbeiten und fast alle Schüler sich sogar regelmäßig melden konnten. Das bunte Tafelbild (E= orange, Z=grau, H=grün) ermöglichte eine gute Übersicht über das Gelernte und Erarbeitete. Die Zehnerstangen, Einerwürfel und Hunderterplatten farbig an die Tafel zu hängen diente einer guten Visualisierung und führte dazu, dass sie ein Abbild des Materials und Stellenwertsystems direkt nebeneinander verständlich vor Augen haben. Das Legen des Dienes Materials machte den Schülern eine besonders große Freude. Sie durften selbst das Material legen und die anderen Kinder mussten es erraten. So üben und verfestigen sie zusätzlich durch viel Spaß in der Übung das Wissen. In den letzten fünf Minuten wurde das Arbeitsblatt mit Erfolg eigenständig bearbeitet. So hat die Lehrkraft geschaut, ob alle das neu erworbene Wissen verstanden haben. Durch den Zeitdruck konnten die Ergebnisse nicht vorgetragen werden, was leider etwas schade war. Die Unterrichtsstunde endete mit einem Ausblick auf die nächste Stunde, sodass die Kinder sich eine thematische Einordnung erhalten konnten. Als Zusammenfassung ist festzustellen, dass die Unterrichtsstunde sehr gelungen und die Methoden gut gewählt waren.

Im Vergleich zur ersten selbst geführten Unterrichtsstunde in Deutsch, war diese Stunde viel strukturierter und der Unterrichtsinhalt besser durchdacht. Das kann daran liegen, dass ich mich für die Mathestunde mit zwei Mathelehrerinnen auseinandergesetzt habe. Dadurch habe ich Tipps und Ideen erhalten, den Unterricht möglichst erfolgreich zu gestalten. Ebenso habe ich dieses Mal von beiden Lehrerinnen den Verlaufsplan überprüfen lassen. Um den methodischen Unterrichtsverlauf zu überprüfen, habe ich sogar die Chance erhalten, einen Tag davor dieselbe Unterrichtsstunde in Mathematik in der 3b zu halten. Dadurch konnte ich mein Lehrerverhalten und die methodischen Aspekte verbessern. Aufgrund der sehr guten, zeitintensiven Vorbereitungen und meiner Bemühung war mir ein viel besserer Unterricht beim zweiten Mal der Hospitation gelungen. Dieses Mal war der Gruppenarbeit auch viel strukturierter und die Schüler hatten durch den Arbeitszettel eine zusätzliche Übersicht. Außerdem sind meine Kompetenzen darin gestiegen, dass sich das Lehrerverhalten und die methodische Kreativität deutlich verbessert haben. Nun kann ich besser mit Mimik und Gestik arbeiten, um den Kindern den Unterricht schmackhafter und lebendiger zu machen. Die methodische Kreativität äußert sich darin, dass eine größere Bandbreite an Methodik erfahren werden konnte (Gruppenarbeit, Stillarbeit, Halbkreis- und Frontalunterricht). Die Kinder erlebten nicht nur einen aktiven Unterricht, durch die wechselnden Methoden, sondern waren viel motivierter sich das Wissen zu erarbeiten. Gelernt habe ich ebenfalls aus dem Sprichwort: „Weniger ist mehr!", was an meiner Unterrichtsstunde deutlich sichtbar gemacht wurde und welches in der Deutschstunde gefehlt hatte. Eine fehlende Kompetenz ist mir in einem Lehrerverhalten aufgefallen, indem ich in Zukunft auch klare Ansagen zur Aufgabenbearbeitung machen sollte, damit alle Schüler wissen was sie zu tun haben. Darauffolgend ist zu erkennen, dass ich mich in dem Lehrerberuf zunehmend wohler und integrierter fühle und ich durch die Erfahrungen in allen Kompetenzbereichen nur positiv steigern kann.

Literaturverzeichnis

Gudrun Buschmeier: Denken und Rechnen 3. Arbeitsheft. Grundschulen, Hamburg, Bremen, Niedersachsen, Nordrhein- Westfalen, Schleswig Holstein, Hessen, Rheinland-Pfalz, Saarland, Westermann Verlag, Braunschweig, 2011.

Gudrun Buschmeier: Denken und Rechnen 3. Schülerband, Grundschule, Westermann Verlag, Braunschweig, 2011.

Niedersächsisches Kultusministerium (Hrsg.): Kerncurriculum für die Grundschule. Schuljahrgänge 1-4. Mathe, Hannover 2006.

BEI GRIN MACHT SICH IHR WISSEN BEZAHLT

- Wir veröffentlichen Ihre Hausarbeit, Bachelor- und Masterarbeit

- Ihr eigenes eBook und Buch - weltweit in allen wichtigen Shops

- Verdienen Sie an jedem Verkauf

Jetzt bei www.GRIN.com hochladen und kostenlos publizieren